Sitzungsberichte
der Heidelberger Akademie der Wissenschaften
Mathematisch-naturwissenschaftliche Klasse
Jahrgang 1931. 6. Abhandlung

Parameterkurven ohne Halbtangenten

von

Boris Kaufmann
in Heidelberg

Vorgelegt von Artur Rosenthal
in der Sitzung am 26. Juni 1931

Berlin und Leipzig 1931
Walter de Gruyter & Co.
vormals G. J. Göschen'sche Verlagshandlung / J. Guttentag, Verlagsbuchhandlung / Georg Reimer / Karl J. Trübner / Veit & Comp.

Archiv-Nr. 52 04 31
Druck von Walter de Gruyter & Co., Berlin W 10

In der vorliegenden Note bringen wir ein Verfahren zur Erzeugung solcher Parameterkurven der Form

$$x = \varphi(t), \qquad y = \psi(t)$$

für ein Intervall $t_1 \leqq t \leqq t_2$, *welche in keinem Punkt weder eine vordere noch eine hintere Halbtangente besitzen.* Diese Kurven sind dadurch charakterisiert, daß keiner (weder endlicher noch eigentlicher unendlicher) der Grenzwerte

$$\lim_{h \to 0} \frac{\psi(t+h) - \psi(t)}{\varphi(t+h) - \varphi(t)} \text{ bzw. } \lim_{h \to 0} \frac{\psi(t-h) - \psi(t)}{\varphi(t-h) - \varphi(t)}$$

für positives gegen 0 konvergierendes h existiert.

Die Frage nach solchen Kurven dürfte auch deshalb interessieren, weil die entsprechenden, lange unentdeckt gebliebenen eindeutigen Funktionen einer Veränderlichen ohne einseitige Ableitungen von einer weniger einfachen Natur sind. Dies gilt für das erste von Herrn BESICOVITCH gefundene Beispiel [1]) solcher Funktionen. Dementsprechend ist auch der Beweis der Nichtexistenz der einseitigen Ableitungen der Funktion von BESICOVITCH mit einer wohl in der Natur der Sache begründeten Kompliziertheit verbunden. — Wesentlich günstiger und einfacher ist der entsprechende Sachverhalt bei Parameterkurven [2]). Das nachfolgende

---

[1]) Bulletin de l'Académie des Sciences de Russie (1925), S. 527. Vgl. auch die Abhandlung von E. D. PEPPER in Fundamenta Mathematicae, B. XII, S. 244—253. — Es sei noch erwähnt, daß die fehlende Ausführlichkeit der Beweise der Nichtexistenz der einseitigen Ableitungen in diesen Abhandlungen zu einer Kritik und zu Zweifeln an der Richtigkeit des Besicovitchschen Beispiels geführt hat, welche uns aber als unbegründet erscheinen. [Vgl. A. N. SINGH, Some Remarks Concerning a Result of Besicovitch, Bulletin of the Calcutta Mathematical Society, Vol. XX, S. 239—244 (1928—29)].

[2]) Bei bisherigen Betrachtungen der Parameterkurven ohne Tangenten wurde die grundsätzliche Frage nach der Existenz der Halbtangenten unseres Wissens nicht berücksichtigt. Es ist deshalb besonders erwähnenswert, daß auch die bekannte durch HELGE VON KOCH konstruierte spezielle Kurve ebenfalls keine Halbtangenten besitzt, ohne daß dies bis jetzt hervorgehoben wurde. Insbesondere ermöglicht die Konstruktion dieser Kurve von Herrn KNOPP (Arch. d. Mathematik und Physik, 26. Bd., S. 103—109) einen sehr einfachen Beweis der Nichtexistenz der Halbtangenten.

Konstruktionsverfahren zeichnet sich durch besondere Durchsichtigkeit und Anschaulichkeit aus. Insbesondere läßt sich auch der Beweis der Nichtexistenz der Halbtangenten klar und nach einem einheitlichen Prinzip durchführen.

1. *Eingeschriebene Polygonzüge und die Projektionsbedingung.* Es sei ABC ein gleichschenkliges Dreieck mit der Grundseite $\overline{AB}$ und dem Basiswinkel γ. $\overline{CM}$ sei das Lot aus C auf $\overline{AB}$. $A_1, A_2, \ldots, A_n, \ldots$ sei eine gegen A konvergierende Folge verschiedener Punkte auf $\overline{MA}$, wobei A_n zwischen A und A_{n-1} liegen möge. Entsprechend sei $A'_1, A'_2, \ldots, A'_n, \ldots$ auf $\overline{CA}$ eine gegen A konvergierende Folge verschiedener Punkte, ebenfalls so geordnet, daß A'_n zwischen A und A'_{n-1} liegt. Durch Vereinigung der Strecken $\overline{CA_1}, \overline{A_1A'_1}, \overline{A'_1A_2}, \overline{A_2A'_2}, \ldots$ bilden wir einen gebrochenen Polygonzug $\Lambda_{C,A}$. Ganz entsprechend definieren wir im Dreieck BMC einen Polygonzug $\Lambda_{C,B}$. Die Vereinigung Λ der beiden Polygonzüge $\Lambda_{C,A}$ und $\Lambda_{C,B}$ nennen wir einen dem Dreieck ABC *eingeschriebenen* Polygonzug.

Die HELGE VON KOCH'sche Kurve läßt sich als das Grenzkontinuum einer Folge von Dreiecksketten auffassen; der Übergang von einer jeden Dreieckskette zu der nächstfolgenden geschieht durch Zerlegung eines jeden Dreiecks der Kette in drei Teildreiecke, von welchen zwei gleichschenklig und kongruent sind und den Basiswinkel $\frac{\pi}{6}$ haben. Die Nichtexistenz der Halbtangenten an den (abzählbar vielen) Kurvenpunkten, welche Eckpunkte der Dreiecke einer beliebigen Kette sind, läßt sich leicht einsehen. Den überwiegenden Teil der Kurvenpunkte bilden aber die sonstigen Durchschnittspunkte unendlich vieler ineinandergeschachtelter Dreiecke fortschreitender Dreieckszerlegungen. Versehen wir eine jede Dreieckskette mit einem bestimmten Umlaufssinn, so können wir (dem Umlaufssinn entsprechend) bei jeder Dreieckszerlegung das eine der beiden kongruenten Teildreiecke als das *vordere* und das andere als das *hintere* Teildreieck bezeichnen. Es ist nun sehr wesentlich, daß die Durchschnittspunkte unendlich vieler ineinandergeschachtelter Dreiecke, welche keine Eckpunkte der Dreiecke sind, niemals *nur* in den vorderen oder *nur* in den hinteren Dreiecken liegen können. Dies ermöglicht uns den Nachweis der Nichtexistenz der Halbtangenten in jedem solchen Kurvenpunkt P. Bei festgehaltenem Umlaufssinn können wir also P gleichzeitig als einen Durchschnittspunkt je einer Folge vorderer und hinterer Teildreiecke auffassen. Die Nichtexistenz der hinteren Halbtangenten in P ergibt sich, wenn wir P als den Grenzpunkt ineinandergeschachtelter *vorderer* Teildreiecke auffassen und ihn (für jedes dieser Dreiecke) jeweils mit den Eckpunkten des anstoßenden kongruenten *hinteren* Teildreiecks verbinden. Diese Verbindungslinien liegen auf Sekanten der Kurve, welche keine feste Grenzlage besitzen. — Ganz entsprechend läßt sich auch die Nichtexistenz der vorderen Halbtangente in P nachweisen.

Wir fassen jetzt, solche dem Dreieck ABC eingeschriebene Polygonzüge ins Auge, deren sämtliche Strecken (geeignet orientiert) mit der Grundseite $\overline{AB}$ einen *konstanten* Winkel bilden. Ist nämlich γ der Basiswinkel von ABC, so gibt es für jeden Wert $\vartheta < \frac{\pi}{2} - \gamma$ einen und nur einen dem Dreieck ABC eingeschriebenen Polygonzug Λ, dessen sämtliche Strecken mit der Grundseite $\overline{AB}$ des Dreiecks einen festen Winkel $\frac{\pi}{2} - \vartheta$ bilden (vgl. Fig. 1). Wir nennen Λ in diesem Fall einen dem Dreieck ABC eingeschriebenen Polygonzug mit dem *Reflexionswinkel* ϑ. — Im Nachfolgenden werden wir mit Hilfe solcher eingeschriebenen Polygonzüge die uns interessierenden Parameterkurven durch Iteration erhalten. — Zunächst be-

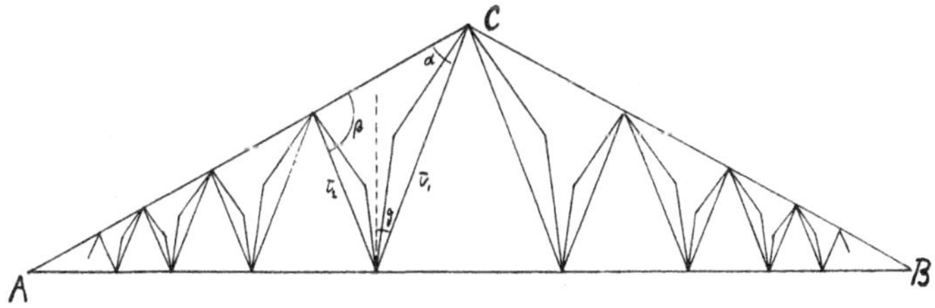

Fig. 1.

rücksichtigen wir eine für das weitere besonders wesentliche Eigenschaft solcher Polygonzüge.

Wir setzen den Basiswinkel γ des Dreiecks $ABC < \frac{\pi}{6}$ voraus. Λ sei ein in ABC eingeschriebener Polygonzug mit dem Reflexionswinkel $\vartheta < \frac{\pi}{6}$. Den Teil $\Lambda_{C,A}$ des Polygonzuges Λ durchlaufen wir in der Richtung von C nach A und bezeichnen allgemein mit τ_ν die ν-te Strecke von $\Lambda_{C,A}$. Entsprechend sei τ'_ν die ν-te Strecke des Polygonzuges $\Lambda_{C,B}$ falls wir diesen von C nach B durchlaufen. Die Geraden, welche τ_ν und τ'_ν enthalten seien mit g_ν und g'_ν bezeichnet. Ist τ eine beliebige Strecke von Λ und g eine beliebige Gerade, welche τ nicht enthält, so bezeichnen wir mit $p_g(\tau)$ die senkrechte Projektion der Strecke τ auf g. Für jedes ν betrachten wir jetzt die senkrechten Projektionen

$$p_{g_\nu}(\tau_{\nu-2}) = p_{\nu-2},\ p_{g_\nu}(\tau_{\nu-1}) = p_{\nu-1},\ p_{g_\nu}(\tau_{\nu+1}) = p_{\nu+1} \quad \text{und}$$
$$p_{g_\nu}(\tau_{\nu+2}) = p_{\nu+2}.$$

Wir überzeugen uns jetzt, daß für jedes $\nu > 2$ die Beziehung

(1) $$d(\tau_\nu + p) < 3\tau_\nu$$

gilt, falls wir unter p eine der Projektionen $p_{\nu-2}, p_{\nu-1}, p_{\nu+1}$ bzw. $p_{\nu+2}$ verstehen und mit $d(\tau_\nu + p)$ den Durchmesser der linearen Menge $\tau_\nu + p$ bezeichnen.

Zunächst bemerken wir, daß für jede der vier Projektionen p die Beziehung

$$\tau_\nu \cdot p \neq 0$$

gilt. Es genügt darnach einzusehen, daß

(2) $$p < 2\tau_\nu$$

ist. — Wir betrachten das von den Strecken τ_ν und $\tau_{\nu-1}$ (für ein gerades ν) und einem Teil von $\overline{AC}$ gebildete Dreieck und bezeichnen die Winkel $\sphericalangle(\tau_{\nu-1}, \overline{AC})$ und $\sphericalangle(\tau_\nu, \overline{AC})$ mit α und β. Wegen $\gamma < \frac{\pi}{6}$ ist $\alpha > \frac{\pi}{6}$ und wir erhalten

(3) $$\tau_{\nu-1} < 2\tau_\nu \sin\beta \leqq 2\tau_\nu .$$

Betrachten wir jetzt nebst (3) noch die Beziehungen $\tau_{\nu+\mu} < \tau_\nu$ (μ beliebig) und $\tau_{\nu-1} = \tau_{\nu-2}$ ($\nu > 2$) für gerades und $\tau_{\nu-1} = \tau_\nu$ für ungerades ν, so folgt (2) unmittelbar. Die Beziehung (1) gilt offenbar auch für $\nu = 1$ und $= 2$ falls wir zu dem Polygonzug $\Lambda_{C,A}$ noch die beiden Strecken τ_1' und τ_2' des Polygonzuges $\Lambda_{C,B}$ hinzunehmen. Da nun eine entsprechende Betrachtung auch für den Polygonzug $\Lambda_{C,B}$ gilt, so können wir allgemein bemerken, daß *der Durchmesser der senkrechten Projektion auf eine Strecke τ $\left(\text{für } \gamma < \frac{\pi}{6}, \vartheta < \frac{\pi}{6}\right)$ zweier zu τ benachbarten Strecken eines und desselben eingeschriebenen Polygonzuges (mit konstantem ϑ) immer kleiner als die doppelte Länge von τ sein muß, wobei die beiden Projektionen zu τ nicht fremd sind.*

Diese Eigenschaft der eingeschriebenen Polygonzüge bezeichnen wir im Nachfolgenden als die „Projektionsbedingung“.

2. *Konstruktion der Kurve.* Wir gehen von einem gleichschenkligen Dreieck ABC mit dem Basiswinkel $\gamma < \frac{\pi}{6}$ aus. Mit Λ^0 bezeichnen wir einen in ABC eingeschriebenen Polygonzug mit dem konstanten Reflexionswinkel $\vartheta < \frac{\pi}{6}$. In bezug auf jede Strecke τ von Λ^0 innerhalb der Winkelräume ϑ errichten wir gleichschenklige Dreiecke mit der Grundseite τ und einem Basiswinkel $< \vartheta$. Wir erhalten auf diese Weise eine Folge von Dreiecken, welche wir als „Kettendreiecke 1. Ordnung“ bezeichnen (vgl. Fig. 1). In jedem

Kettendreieck 1. O. sei wiederum ein eingeschriebener Polygonzug mit dem Reflexionswinkel ϑ gegeben. Ein solcher Polygonzug sei ebenfalls von „1. Ordnung" genannt. Jede Strecke τ eines jeden Polygonzuges 1. O. wählen wir zur Grundseite eines gleichschenkligen Dreiecks (innerhalb des Winkelraumes ϑ) mit dem Basiswinkel γ. Ein jedes solche Dreieck nennen wir ein „Kettendreieck 2. Ordnung" und bestimmen in diesem einen eingeschriebenen Polygonzug 2. Ordnung mit dem Reflexionswinkel ϑ u. s. f. Auf solche Weise werden sämtliche Kettendreiecke n-ter Ordnung ($u = 1, 2, \ldots$) und die entsprechenden eingeschriebenen Polygonzüge n-ter Ordnung definiert.

Die Vereinigung sämtlicher eingeschriebener Polygonzüge einer jeden festen Ordnung n ist ein einfacher Kurvenbogen. Die Folge dieser Kurvenbögen für wachsende n konvergiert, wie leicht ersichtlich, gegen eine einfache Kurve L. Wir werden uns im nachfolgenden überzeugen, daß L keine Halbtangenten hat.

3. *Beweis der Nichtexistenz der Halbtangenten.* In bezug auf jeden von den Endpunkten A und B verschiedenen Punkt P der Kurve L bezeichnen wir den Bogen $L_{A,P}$ als den „hinteren" und den Bogen $L_{P,B}$ als den „vorderen" Teil der Kurve.

Ist P Eckpunkt eines Kettendreiecks δ^n n-ter Ordnung, so ist das Fehlen der beiden Halbtangenten in P unmittelbar ersichtlich. Da die Eckpunkte eines jeden eingeschriebenen Polygonzuges auf L liegen, so trifft einer der beiden Kurvenstücke $L_{A,P}$ und $L_{P,B}$ die beiden in P sich schneidenden Seiten des Dreiecks δ^n in einer noch so kleinen Umgebung von P. Darnach ist eine jede in dem durch den Basiswinkel γ von δ^n bestimmten Winkelraum liegende Halbgerade mit dem Eckpunkt in P eine Grenzsekante in bezug auf das betreffende Kurvenstück. Dasselbe gilt natürlich auch für das zu δ^n benachbarte Kettendreieck n-ter Ordnung und das zweite in P anstoßende Kurvenstück.

Wir betrachten jetzt den allgemeinen Fall, in dem P Grenzpunkt einer Folge

$$\delta^1 \delta^2, \ldots, \delta^n, \ldots$$

ineinandergeschachtelter Kettendreiecke wachsender Ordnung ist.

Mit Λ^n bezeichnen wir den δ^n eingeschriebenen Polygonzug n-ter Ordnung. Die Grundseite $\overline{A^n B^n}$ des Dreiecks δ^{n+1} liegt offenbar auf Λ^n. $\overline{B^n C^n}$ und $\overline{C^n D^n}$ seien die beiden zu $\overline{A^n B^n}$ benachbarten Strecken von Λ^n, deren Eckpunkte B^n, C^n und D^n auf derselben Seite der Kurve L in bezug auf P liegen. Es ist dabei gleichgültig, welches der beiden Kurvenstücke $L_{A,P}$ oder $L_{P,B}$ gemeint ist. Hingegen wählen wir für variables $n = 1, 2, \ldots$ die Punkttrippel B^n, C^n, D^n immer auf demselben Kurvenstück. Es sei dies etwa der vordere Kurvenbogen $L_{P,B}$.

Angenommen, es gibt in P eine vordere Halbtangente s. — Mit b_n und c_n bezeichnen wir die Geraden, welche die Strecken $\overline{B^nC^n}$ und $\overline{C^nD^n}$ enthalten. Wir bemerken zunächst, daß für ein noch so großes $n = n_0$ und ein hinreichend kleines positives ε ein Geradenpaar b_{n_1}, c_{n_1} $(n_1 > n_0)$ existiert mit der Eigenschaft, daß $\sphericalangle (b_{n_1}, s) > \varepsilon$ und $\sphericalangle (c_{n_1}, s) > \varepsilon$ gilt.

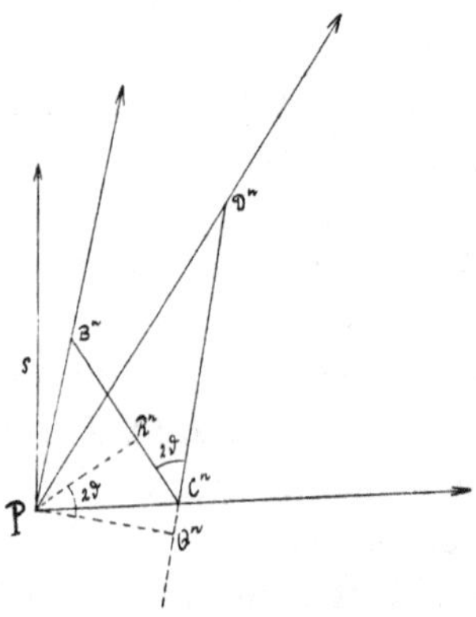

Fig. 2.

Konvergiert nämlich eine Teilfolge $b_{i_1}, b_{i_2}, \ldots, b_{i_n}, \ldots$ oder $c_{i_1}, c_{i_2}, \ldots, c_{i_n}, \ldots$ gegen s, so läßt sich dennoch eine unserer Bedingung genügende Geradenteilfolge in jedem dieser beiden Fälle auswählen. In beiden Fällen bildet für ein hinreichend großes n eine jede Gerade $b_{i_{n+\nu}+1}$ bzw. $c_{i_{n+\nu}+1}$ $(\nu = 1, 2, \ldots)$ mit s einen Winkel $> \frac{\pi}{2} - 3\vartheta$. Wir berücksichtigen dabei insbesondere, daß laut Voraussetzung $\vartheta < \frac{\pi}{6}$ ist.

Für jedes $n = i_{n+\nu}$ $(\nu = 1, 2, \ldots)$ betrachten wir jetzt die Halbgeraden $\overrightarrow{PB^n}$, $\overrightarrow{PC^n}$ und $\overrightarrow{PD^n}$ durch die Punkte B^n, C^n, D^n mit einem Endpunkt in P (Fig. 2). Diese Halbgeraden sind Sekanten der Kurve L, welche mit wachsendem n gegen die Halbtangente s konvergieren. Weiterhin fällen wir für jedes $n = i_{n+\nu}$ auf die Geraden b_n und c_n die Lote $\overrightarrow{PR^n}$ und $\overrightarrow{PQ^n}$ mit den Fußpunkten R^n und Q^n [1]). Wir berücksichtigen noch, daß wegen $\gamma < \frac{\pi}{2} - 2\vartheta$ die senkrechte Projektion der Dreiecksfläche δ^n in der senkrechten Projektion der Strecke $\overline{A^nB^n}$ (auf dieselben Geraden) enthalten ist. Aus der Projektionsbedingung in 2. können wir folgern

$$\overline{R^nB^n} \text{ bzw. } \overline{R^nC^n} < 3\,\overline{B^nC^n}$$

und

$$\overline{Q^nC^n} \text{ bzw. } \overline{Q^nD^n} < 3\,\overline{C^nD^n}.$$

---

[1]) Die Stellen R^n und Q^n können nicht mit P zusammenfallen; dies ist auch unwesentlich, da es uns lediglich auf die Richtung der Lote ankommt.

Ziehen wir jetzt in Betracht, daß für jedes $n = i_{n+\nu}$ (n hinreichend groß, $\nu = 1, 2, \ldots$) die Geraden b_n und c_n mit s einen Winkel $> \varepsilon$ (ε hinreichend klein) bilden, so können wir folgern, daß die Halbgeraden $\overrightarrow{PR^n}$ und $\overrightarrow{PQ^n}$ für $n = i_{n+\nu}$ mit wachsendem ν gegen s konvergieren müssen.

Wir überzeugen uns davon sofort, wenn wir durch einen von P verschiedenen Punkt O auf s Parallele zu b_n und c_n ziehen. Die Schnittpunkte dieser Geraden mit den Halbgeraden $\overrightarrow{PB^n}$, $\overrightarrow{PC^n}$ und $\overrightarrow{PQ^n}$ für wachsende Werte $n = i_{n+\nu}$ konvergieren wegen $\sphericalangle\,(b_n, s) > \varepsilon$ bzw. $\sphericalangle\,(c_n, s) > \varepsilon$ gegen O. Infolge der Projektionsbedingung müssen auch die Schnittpunkte derselben Geraden mit $\overrightarrow{PR^n}$ und $\overrightarrow{PQ^n}$ für hinreichend große $n = i_{n+\nu}$ gegen O konvergieren. Nun ist aber andererseits für jedes n (bei geeigneter Orientierung)

$$\sphericalangle\,(\overrightarrow{PR^n}, \overrightarrow{PQ^n}) = 2\vartheta.$$

Wir erhalten somit einen Widerspruch, welcher analog auch für den hinteren Teil $L_{A,P}$ der Kurve L herbeigeführt werden kann. Es kann also in P weder eine vordere noch eine hintere Halbtangente geben.

FSC
www.fsc.org
MIX
Papier | Fördert
gute Waldnutzung
FSC® C083411

Zeitfracht Medien GmbH
Ferdinand-Jühlke-Straße 7
99095 Erfurt, Deutschland
produktsicherheit@kolibri360.de